爱上数学 21
·重量·

小美的生日聚会

〔韩〕咸泳莲 / 著　简碧清 / 绘　江凡 / 译

云南出版集团　晨光出版社

U0243062

今天是宝美的妹妹小美的第一个生日。

宝美和俊旗正在帮忙准备小美的生日宴会。宝美手里拿着 3 块西瓜，
俊旗拿着 1 块年糕。他们俩都觉得自己拿的东西比较重，于是就争了起来。

到底谁拿的东西更重呢？我们来称一下吧！

今天是宝美的妹妹小美的周岁生日，"宝美家家常菜"一大早就热闹起来了。

"宝美家家常菜"是宝美的爸爸妈妈经营的餐馆。餐馆的二楼是宝美的家，三楼是俊旗的家，他们两个从小一起长大，是最好的朋友。

"孩子们，可以过来帮帮忙吗？"姑姑看着四处张望的宝美和俊旗，对他们说道。

宝美家家常菜

姑姑正在布置生日宴会的背景墙。

"我得装饰得漂亮一点儿。"姑姑一边贴着"小美，生日快乐"几个字，一边对宝美和俊旗说。

"需要我们做什么？"宝美热心地问。

小美
生日快乐

"小美喜欢布娃娃和气球。你们到楼上
帮我把小美的娃娃和气球拿下来，好吗？"

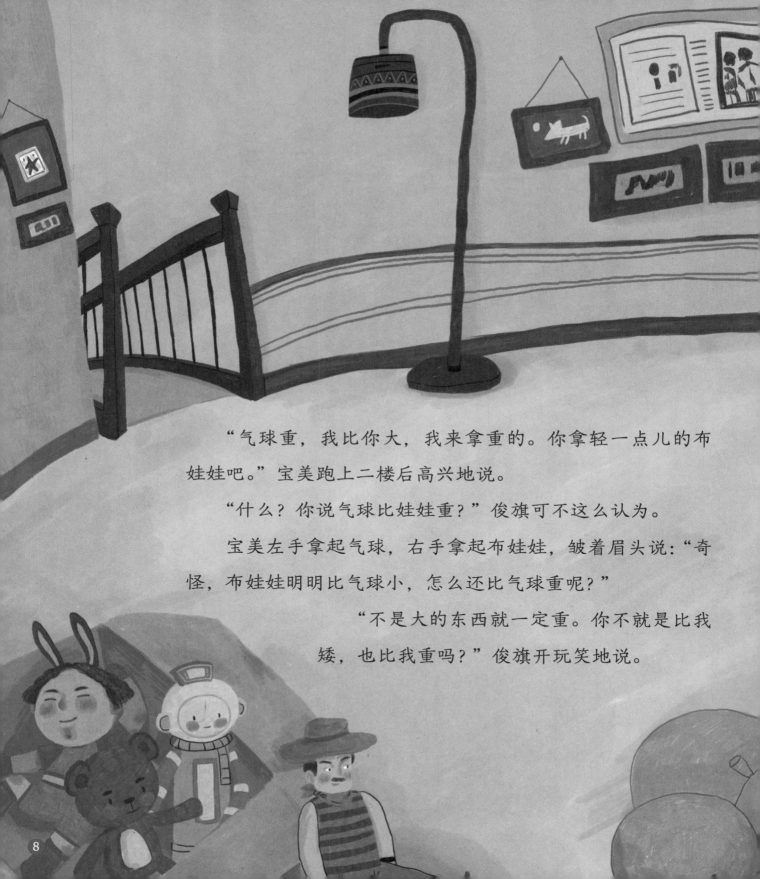

"气球重，我比你大，我来拿重的。你拿轻一点儿的布娃娃吧。"宝美跑上二楼后高兴地说。

"什么？你说气球比娃娃重？"俊旗可不这么认为。

宝美左手拿起气球，右手拿起布娃娃，皱着眉头说："奇怪，布娃娃明明比气球小，怎么还比气球重呢？"

"不是大的东西就一定重。你不就是比我矮，也比我重吗？"俊旗开玩笑地说。

"你说得不对！我比较矮，当然
比你轻了！"宝美气呼呼地反驳道。

"才不是呢。你看，布娃娃虽然
比气球小，可比气球重多了。不是小
的东西就一定轻。"俊旗拿过布娃娃，
笑着说。

11

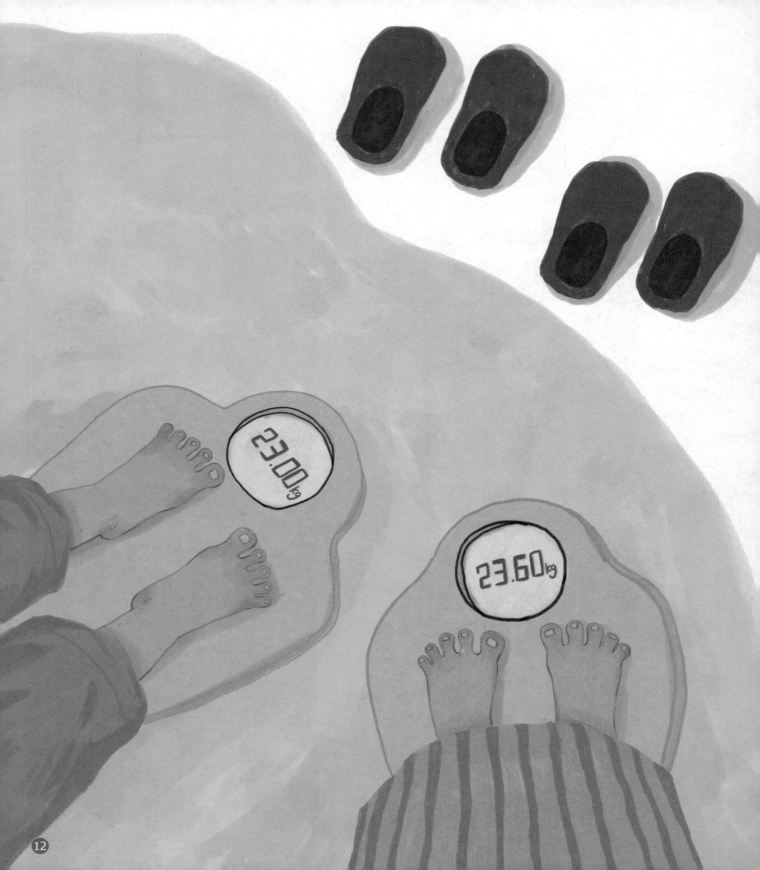

"我们称一下，看看到底谁重！"宝美一脸不服气，第一个站到了体重秤上——23.6kg。轮到俊旗了，称上显示 23kg。

"我 23 千克，你 23.6 千克，你比我重哟。"俊旗得意地说。

宝美一听，急得快要哭了。

我 23 千克，
你比 23 千克要多，
所以你比我重。

"你们半天不下来，在上面干什么呢？"姑姑来二楼找他们。

"我 23 千克，宝美 23.6 千克，"俊旗偷偷地瞟了宝美一眼，问姑姑，"我是不是比她轻？"

"对，你比她轻 600 克。现在不是说这个的时候，我们赶快下楼吧！"

回到一楼，宝美和俊旗跟着姑姑一起布置小美的生日墙。

墙上贴了很多可爱的布娃娃和气球，还有小美的照片。

"哇，现在的小美小，那时候的小美更小啊！"俊旗指着小美刚出生时的照片感叹道。那张照片上写着"3.2 千克"。

姓名：小美
体重：3.2 千克

3.2 千克 = 3200 克

"姑姑,3.2 千克是多少？"宝美问。

"就是 3200 克的意思。"

宝美还在惦记着体重的事儿。

"啊，我有办法了！"

她不知道想到了什么，刺溜一下

跑没影儿了。

与此同时，餐馆的厨房里正在准备着可口的饭菜。

"宝美妈妈，再多拿点儿肉过来。"

听到爸爸的话，妈妈拿了一块肉，往电子秤上一放——612g。她自言自语道："612 克，应该够用了。"

这时，正在找宝美的俊旗路过厨房，探着头往里看去。

"阿姨，这块肉的重量是 612 克呀？"

"对啊，俊旗，阿姨给你做红烧肉吃。"宝美妈妈边收拾边说。

"好！谢谢阿姨。"俊旗响亮地回答。他默默地想："原来我跟宝美的体重差的就是这么多的肉啊。"

612 g

菜快做好了，宝美爸爸在厨房忙活，其他人坐在一起聊天。

"爸爸妈妈，谢谢你们帮我们照看小美，辛苦了！"宝美妈妈说道。

听了宝美妈妈的话，爷爷呵呵地笑了起来："这不算什么，我以前一下子就能提起80千克的米袋子呢！"

"哎哟，你现在可是连20千克的米袋子都提不起来喽！走，吃饭去吧。"奶奶笑着打趣道。

"宝美，怎么不吃呀，你不是最喜欢吃红烧肉吗？"姑姑看着从刚才就一直气鼓鼓的宝美，不解地问道。

"她估计害怕变胖，一口都不敢吃啦！"旁边的俊旗一脸坏笑地说。

"才不是呢，我一点儿也不胖，我刚才还去厕所了！"

"上厕所和胖不胖有什么关系呀？"爷爷奶奶一脸纳闷儿。

"我想让自己轻一点儿，就去上了个厕所。"

听了宝美的话，大家都哈哈大笑起来。

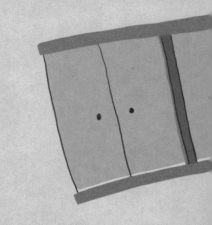

这时，俊旗特别认真地对宝美说："我有一个好办法。不管你吃多少，我一会儿比你多吃 600 克的红烧肉就行了。"

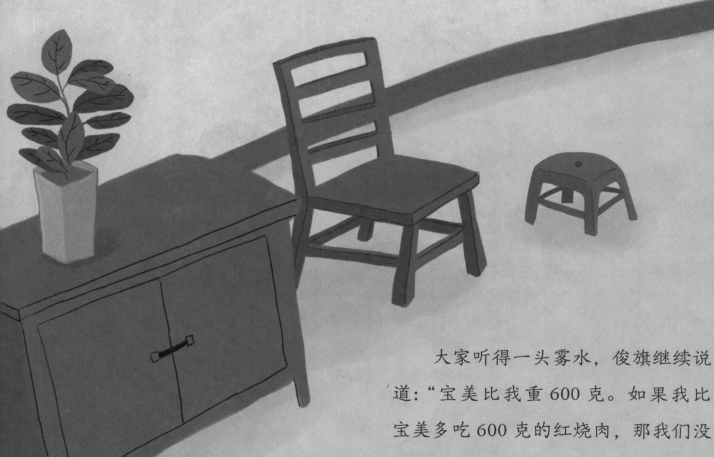

大家听得一头雾水，俊旗继续说道："宝美比我重 600 克。如果我比宝美多吃 600 克的红烧肉，那我们没准儿就一样重了。"

听完俊旗的话，大家又爆发出一阵笑声。

吃完饭后，爸爸一把抱起小美，招呼着大家："快来，我们的小美要'抓周'啦！"地板上已经摆好了毛笔、算盘、书、积木、听诊器等物品。

　　"小美，抓书吧！"

　　"小美，抓毛笔！毛笔！"

小美看看这个，看看那个，最后猛地一下抓起了听诊器。

"看来我们小美以后要当个医生啊！"大家都为小美高兴。

"小美，生日快乐！"妈妈送给小美一个大大的玩具。看到这一幕，宝美也把手伸进自己的口袋翻了起来。

"小美，这是我上次去江边玩的时候捡的，一直装在口袋里，就等着你生日的时候送给你呢。"宝美开心地说。

"石头是很漂亮，"爸爸笑着说，"不过，刚才你称体重的时候，兜里也揣着这块石头吗？"

听了爸爸的话，宝美恍然大悟："李俊旗！我们重新称一次！"

宝美拉着俊旗朝二楼跑去，这一次的结果，会是什么样的呢？

让我们跟宝美一起回顾一下前面的故事吧!

　　我通过比较布娃娃和气球，才发现原来并不是大的东西就一定重。个子高的人也不一定比矮的人重。俊旗比我高，他的体重是 23 千克，我的体重是 23.6 千克，我比俊旗重 600 克。后来我才发现，原来称体重的时候，我忘了把口袋里的石头拿出来，所以我的"体重"里还包含了石头的重量。

　　接下来，我们一起来学习更多与重量有关的知识吧!

数学面对面

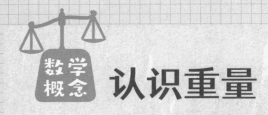

认识重量

蔬菜摊上有各种各样的菜，你知道最重的蔬菜是哪一个吗？

　　如果分别把这几种蔬菜拿在手里掂一掂，我们能感觉出南瓜、白菜和萝卜比较重，土豆和红薯相对轻一些。但是，我们无法准确地知道一种菜比另一种菜重多少。

下图中的仪器叫"天平"。当左右两边托盘上的物品重量相等时，天平的两边是平衡的；当两边的物品重量不相等时，物品重的那边低，轻的那边高。

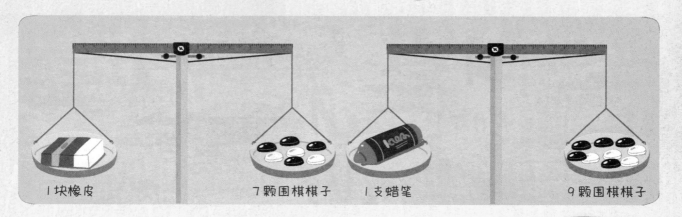

1块橡皮　　　　7颗围棋棋子　1支蜡笔　　　　　　9颗围棋棋子

根据上图，你可以比较出橡皮和蜡笔谁轻谁重吗？

1块橡皮的重量等于7颗围棋棋子的重量。
1支蜡笔的重量等于9颗围棋棋子的重量。
由此可以推算出，橡皮轻，蜡笔重。

> 天平适合用来称量
> 比较轻的物品，
> 如果想称我的体重，
> 那可就不合适了！

　　如果已知这块橡皮的重量是14克，那么这支蜡笔的重量是多少呢？

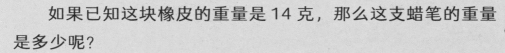 ＝14克

　　1块橡皮的重量等于7颗围棋棋子的重量，因此1颗棋子的重量为：

　　1支蜡笔的重量等于9颗围棋棋子的重量，因此蜡笔的重量为：

 14÷7＝2（克）　　 2×9＝18（克）

生活中，我们常用质量单位克或千克来表示物品有多重。

计量比较轻的物品,常用"克"（g）作单位；计量比较重的物品,常用"千克"（kg）作单位。

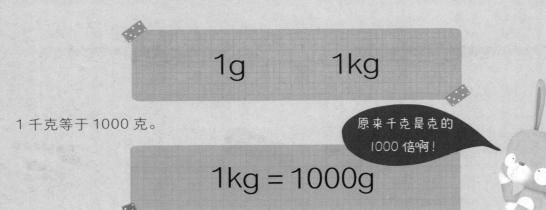

1 千克等于 1000 克。

原来千克是克的 1000 倍啊！

$$1kg = 1000g$$

想知道物品有多重，通常需要"秤"来帮忙。

观察秤的表盘，1 格表示 1 千克。先称萝卜，秤的指针指向 1，表示萝卜的重量是 1 千克。再称白菜，指针在 1 和 2 中间的位置，1 格表示 1 千克，半格呢？也就是 1 千克的一半。

在比较或计算物品的重量时，换成相同的单位后再比较或计算，会更方便。

1 千克 = 1000 克

1 千克的一半就是 500 克

因此，白菜的重量为：

1000+500=1500（克）

我们再来看看下面这些蔬菜。

土豆 300 克　　红薯 200 克　　南瓜 2 千克

一定要记住
1千克等于1000克哟！

土豆、红薯和南瓜，谁最轻，谁最重？最重的蔬菜比最轻的蔬菜重多少？要比较物品的重量，我们先把它们换成相同的质量单位。

2 千克 = 2000 克

2000 克 > 300 克 > 200 克

因此，红薯最轻，南瓜最重。

2000-200=1800（克）

所以，最重的蔬菜

比最轻的蔬菜重 1800 克。

好奇心一刻

有没有比千克更大的质量单位？

我们经常会在马路上看到装满货物的卡车。不同型号的卡车，可以承载货物的最大重量也不相同。卡车的载重量以"吨"为单位，如 1.5 吨卡车，2.5 吨卡车。吨与克、千克一样是质量单位，用来计量较重或较大的物品的重量。吨可以用 t 来表示。

1 吨 = 1000 千克

1t = 1000kg

1.5t = 1500kg

身边的数学 生活中的重量

前面我们已经学习了比较物品重量的一些方法，也知道了常用的质量单位。在生活中，还有哪些与重量有关的知识呢？

社会

常用的质量单位

在日常生活中，人们还习惯用"斤"和"两"来表示物品的重量。你和家人去过菜市场吗？在那里，你可能常会听到诸如"请帮我称3两小葱""我想要2斤排骨"这样的说法。

$$1 斤 = 10 两$$
$$1 斤 = 500 克$$
$$1 两 = 50 克$$
$$2 斤 = 1 千克$$

 体育

什么是肥胖？

你所在的学校会定期为你们进行体检吗？称量体重是其中的项目之一。有的人会认为，只要比普通人的体重重很多，就属于肥胖。其实，对于一些运动员来说，由于他们身上的肌肉很多，体重值也会比较高，但是他们却不是肥胖。

▲ 容易造成肥胖的快餐食品

其实，肥胖不是单单看体重，而是看脂肪的多少。如果经常吃快餐类食品，如薯条、炸鸡翅、可乐等；或者不喜欢运动，经常久坐看电视、玩游戏，这样的人群体内的脂肪就很容易堆积，从而变得肥胖。

为了预防肥胖，一定要少吃含糖量高、热量高的食品，不喝饮料，多运动，保证充足的睡眠。

科学

各种各样的秤

　　如果只用眼睛看或者用手掂量，是很难准确估算出物品重量的。有了称重量的秤，在菜市场、超市等地方，交易变得更加公平。秤的种类有许多种，除了前面出现的盘秤和天平，其他常见的秤还有弹簧秤、电子秤、体重秤等。

▶弹簧秤

▲体重秤

　　不同的秤，称重的方法也各不相同。比如使用弹簧秤时，把物品挂在弹簧秤的挂钩上，与挂钩相连的弹簧被拉长，根据上端指针所指的数字就可以读出物品的重量。电子秤的使用方法更简单，打开开关，把物品放在电子秤上，就会显示出相应的重量。而体重秤则直接站在秤上就可以了。

▶电子秤

月球上的重量

　　物体由于地球的吸引而受到的力叫重力。体重是身体的重量，在不同的星球表面，引力不同，重量也会有所不同。比如说月球上的引力只有地球上的 $\frac{1}{6}$ ，因此，当一个体重 60 千克的人到了月球上，他的体重就会变成 10 千克。

房间里的秤

宝美和俊旗正在做游戏，房间里藏着各种各样的秤。找到 图例 中的秤，再分别圈出来吧！

图例

体重秤　　　　盘秤　　　　天平　　　　弹簧秤

谁最重，谁最轻

观察下面的天平，看看哪种水果重，哪种水果轻，在 ◯ 里填上 ">" 或 "<"。

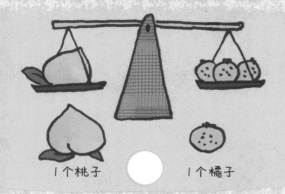

1个桃子 ◯ 1个橘子

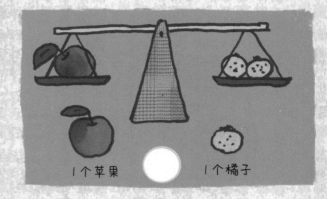

1个苹果 ◯ 1个橘子

1个苹果 ◯ 1个桃子

如果两边的重量一样，天平就会保持平衡。

在 ▢ 里填上水果的名字，使不等式成立。

最重的水果 ▢▢▢ > 苹果 > ▢▢▢ 最轻的水果

41

# 趣味小游戏3 整理厨房

俊旗正在整理厨房，请你先把最下面的物品沿着黑色实线剪下来，再把比俊旗轻的物品粘贴在桌子上，比俊旗重的物品粘贴在地板上。

装满水的水壶 3000g　　土豆 5kg　　米 30kg　　饮水机 24kg　　冰箱 100kg

好玩的大转盘

按照下一页的制作方法，做一个好玩的大转盘吧。做好后，一边转转盘，一边试着说出转盘上两个对应的质量单位之间的关系。

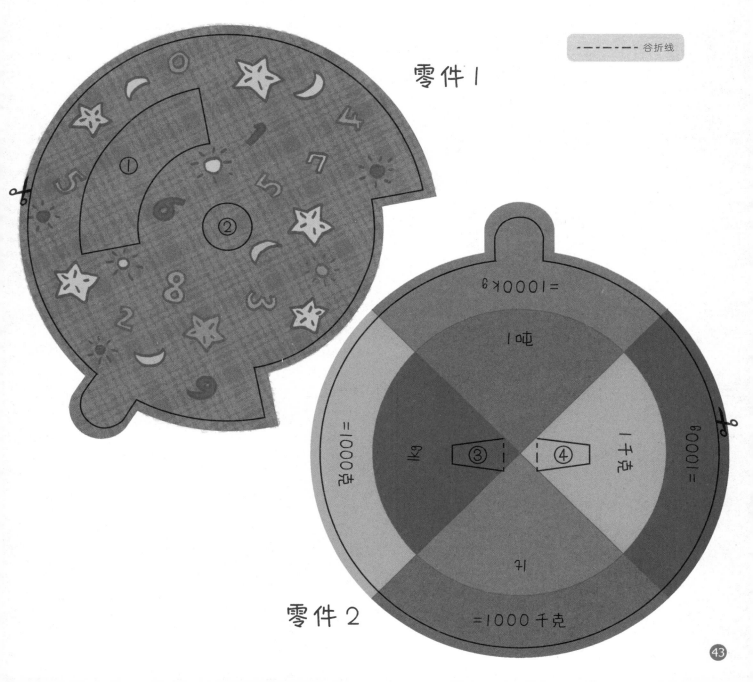

- - - - - - 谷折线

零件 1

零件 2

制作方法

1. 把零件1和零件2沿着黑色实线分别剪下来;
2. 再把零件1上的扇形①和圆形②分别沿着黑色实线剪下来(裁剪镂空处一定要注意安全);
3. 把零件2上的③和④分别沿着黑色实线剪开至折叠线处,折叠线不要剪开;
4. 再把③和④向上折叠至垂直;
5. 把垂直的③和④从下向上穿过零件1中间的圆孔;
6. 把③和④打开至180度。

转盘做好后,抓着小把手试着转一转,分别说出转盘上两个对应的质量单位之间的关系吧!

帮妈妈买东西

宝美的朋友小丽拿着清单去帮妈妈买东西。清单上有需要购买的物品名称及重量。她怎样走才能买到所有的东西，并顺利回到家呢？

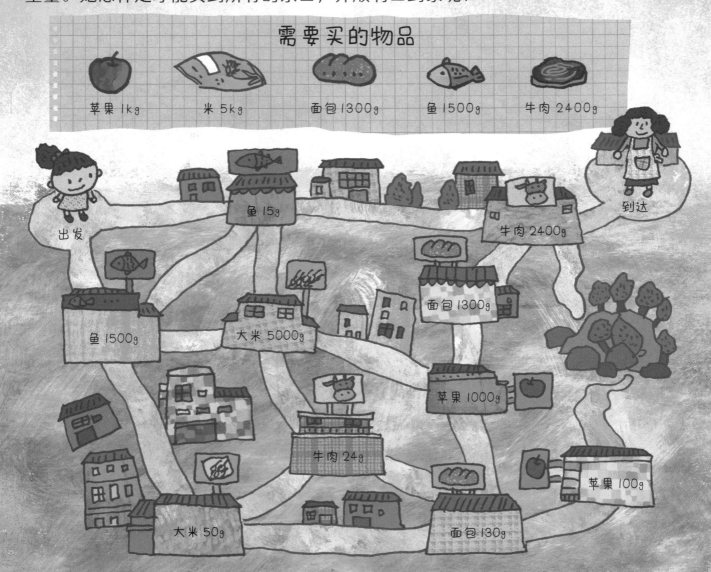

需要买的物品

| 苹果 1kg | 米 5kg | 面包 1300g | 鱼 1500g | 牛肉 2400g |

出发

鱼 15g

牛肉 2400g

到达

鱼 1500g

大米 5000g

面包 1300g

苹果 1000g

牛肉 24g

苹果 100g

大米 50g

面包 130g

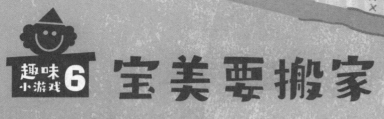

宝美要搬家

宝美要搬家了，她正在给家里的物品打包。请你把最下方的物品沿着黑色实线剪下来，再粘在对应的箱子里。每个箱子的总重量都要刚好等于 1 千克哟！

玩具熊 200g

积木 800g

文具盒 300g

书 400g

蜡笔 300g

皮球 350g

镜子 500g

台历150g

地球仪 700g

卷笔刀 300g

甜品店里的数学题

小粉和小兔来到了甜品店，聪明的小粉出了一道数学题。小兔也想像小粉一样出一道数学题，你可以帮帮她吗？

参考答案

40~41 页

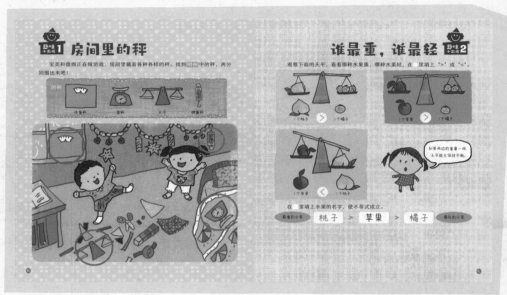

42~43 页

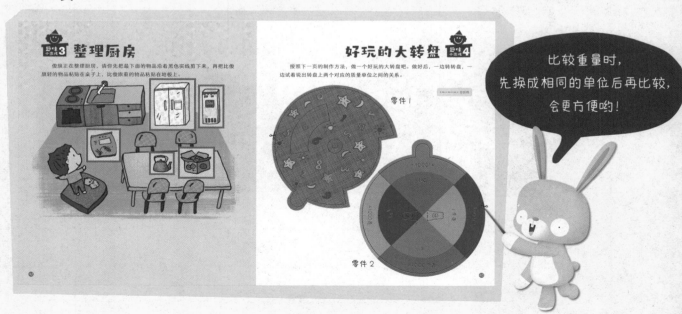

比较重量时，先换成相同的单位后再比较，会更方便哟！